Zhongguo
Tianqi
Qihou Gaikuang

中国天气气候概况

中国气象局气象宣传与科普中心 ◎ 编

U0336639

气象出版社
China Meteorological Press

图书在版编目（CIP）数据

中国天气气候概况 / 中国气象局气象宣传与科普中心编 . — 北京：气象出版社，2015.3
ISBN 978-7-5029-6101-5

Ⅰ．①中… Ⅱ．①中… Ⅲ．①气候－概况－中国 Ⅳ．① P468.2

中国版本图书馆 CIP 数据核字（2015）第 046826 号

Zhongguo Tianqi Qihou Gaikuang
中国天气气候概况

出版发行：气象出版社	邮政编码：100081
地　　址：北京市海淀区中关村南大街 46 号	发 行 部：010-68409198
总 编 室：010-68407112	E-mail： qxcbs@cma.gov.cn
网　　址：www.qxcbs.com	终　　审：黄润恒
责任编辑：邵俊年 黄菱芳	责任技编：吴庭芳
封面设计：符　赋	
责任校对：时　人	
印　　刷：北京地大天成印务有限公司	印　　张：3
开　　本：787mm×1092mm 1/16	
字　　数：40 千字	
版　　次：2015 年 3 月第 1 版	印　　次：2015 年 3 月第 1 次印刷
定　　价：12.00 元	

前 言

　　我国地处欧亚大陆东南部，幅员辽阔，地形地貌复杂，气候类型多样，大部分地区季风特色鲜明，寒、暖、干、湿的季节变化很大。由于我国地理位置、特定的地形地貌和气候特征，致使我国气象灾害的种类多、分布广、频率高、强度大、损失重，属世界少见。我国是旱涝、台风、寒潮等自然灾害多发的国家，我国北方旱灾、雪灾、寒潮和沙尘暴灾害频发，东南部地区台风、高温和雨涝灾害影响严重。近10年，全国平均每年因气象灾害死亡2 000人左右，经济损失2 000亿元左右。

　　全球气候变暖背景下，极端气象灾害呈多发重发趋势。随着我国经济社会的快速发展，人口更加向城镇集中，社会经济活动流动性加大，由此带来的社会孕灾环境更加脆弱敏感、致灾因子将更加复杂多样，极端天气气候事件所造成的经济损失和社会影响将比过去要大得多。新的形势下，不断提高我国气象灾害防御能力更为重要。

　　本书通过简单通俗的语言、精美的图片，使读者对我国天气气候特征有一个初步的了解，对气候变暖背景下，我国的主要气象灾害发展态势有相应的认识。

（本书利用的气象资料未包含港、澳、台地区的观测资料。
部分统计图片引自《中国灾害性天气气候图集》）

目　录

认识天气、气候

天气和气候

人们经常搞不清天气与气候的区别，天气和气候有密切关系：天气是气候的基础，气候是对天气的概括。

天气是指短时间（几分钟到几天）发生在大气中的现象，如雷雨、冰雹、台风、寒潮、大风以及阴晴、冷暖、干湿等。因此，我们对天气的认识可能更感性一些。

4月15日　周一
晴转多云
7～20℃
风力：南风3～4级转微风

舒适指数：舒适
晾晒指数：适宜
晨练指数：较适宜
旅游指数：较适宜

气候是指长时期内（月、季、年、数年、数十年到数百年或更长）气象要素（如温度、降水、风、日照等）以及天气过程的统计（平均值、方差、极值概率等）状况，通常用某一时段的平均值以及相对于此平均值的偏差来表征，主要反映一个地区的冷、暖、干、湿等基本特征。也就是说，一个地方的气候特征是通过该地区各气象要素的平均值及极端值反映出来的。

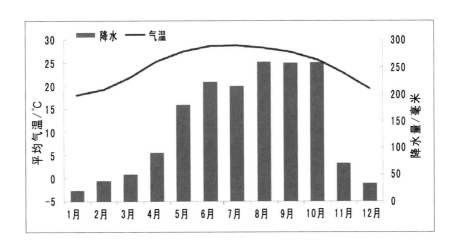

天气与气候的区别

今天的天气很好啊，不冷不热，还有点微风，很适合出去游玩。

这里说的就是天气，指短时大气状况。

是啊，阳光也很好，跟我老家的天气差不多。

你老家哪里啊？

云南昆明啊，那里夏无酷暑、冬无严寒、四季如春。全年温差较小，市区年平均气温在 15 ℃左右，最热时月平均气温 20 ℃左右，最冷时月平均气温 9 ℃左右。

这里说的就是气候，指一种平均状态。

我最喜欢春天了，不像北京这里，夏季高温多雨，冬季寒冷干燥，春、秋短促。

天气预报是怎么制作出来的

天气预报制作发布流程，包括气象观测、数据收集、综合分析、预报会商和预报产品发布五个环节。

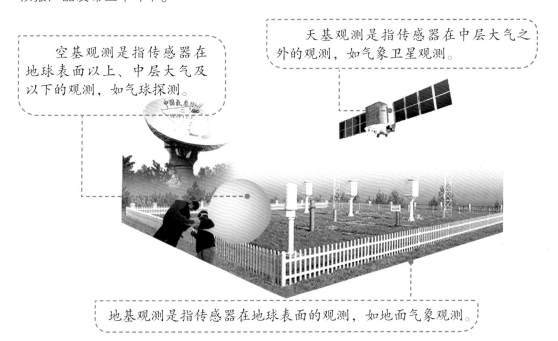

空基观测是指传感器在地球表面以上、中层大气及以下的观测，如气球探测。

天基观测是指传感器在中层大气之外的观测，如气象卫星观测。

地基观测是指传感器在地球表面的观测，如地面气象观测。

气象观测：目前我国已初步建成地基、空基、天基相结合的气象立体观测系统。截至 2012 年底，气象部门现有 212 个国家气候基准站，2 211 个国家气象观测站，自动气象站已达 45 926 个，新一代天气雷达增加到 178 部。从地面到高空，从陆地到海洋，全方位、多层次地观测大气变化。全世界所有的气象观测站每天都在固定的时间同时对大气进行观测。

数据收集、数值预报：观测数据迅速通过高速计算机通信网络传递汇集，对这些观测数据进行处理，得到反映全国天气实况的特制地图——天气图等各类图表，供预报员进行分析使用。

此外，将某一时刻的观测数据作为初值输入高性能计算机，对描写大气运动的数学物理方程组进行数值求解，得到未来大气运动的定量预报，如地面气压场、降水量分布、温度场等。

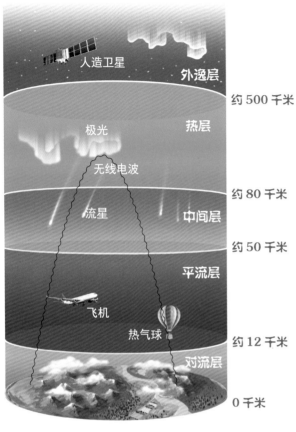

人造卫星

外逸层

约 500 千米

极光　　热层

无线电波

约 80 千米

流星　　中间层

约 50 千米

平流层

飞机

热气球

约 12 千米

对流层

0 千米

按照大气温度随高度分布的特征，
把大气分为对流层、平流层、中间层、
热层和外逸层。

综合分析：天气预报员通过分析天气图和国内外数值预报产品，研究各类天气图表，结合气象卫星、雷达探测资料，进行综合分析、判断后，做出未来不同时间段的具体天气预报。

预报会商：是做出天气预报的最后一个关键步骤。由于影响天气的原因很多，很复杂，预报员需要集思广益，进行讨论，像医生给病人会诊一样，在天气会商时，所有预报员充分发表自己的意见，主班预报员对预报意见汇总后，经过综合分析，然后对未来天气的发展变化做出最终的预报结论。

预报产品发布：天气预报结论做出后，制作成不同形式的预报产品，通过广播、电视、报纸、互联网站以及手机短信、"96121"、信息显示屏等媒体向公众发布，这就是大家收看收听到的天气预报了。

电子显示屏

电视天气预报　　气象服务热线　　手机服务

天气预报能 100% 准确吗

对准确性的理解：社会公众对预报准确性的认识

老百姓理解的准确率同气象上的准确率是有一定差别的。例如预报北京局部地区有雨，雨下在北京西部，西部地区的人会认为准确，但北京东部的老百姓就会认为预报不准。而气象上则是指一般情况下，只要在预报区域内有一半以上的观测点观测到降雨，就认为预报是准确的了。

天气节目主持人向公众播报天气预报

释疑：为什么难以做到绝对准确

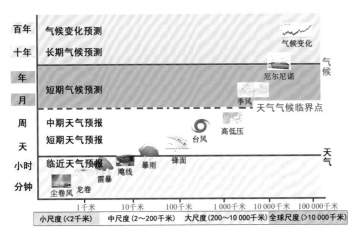

俗话说，天有不测风云。天气预报不可能达到100%的准确，原因是多方面的：

大气系统为非线性系统，变化十分复杂，影响大气运动的因素也比较多，使人们难以准确地认识和把握大气运动的规律，因此，天气预报不可能100%准确。

地面气象观测台站空间间隔较大且分布不均，如雷暴、龙卷、冰雹等中小尺度天气系统经常成为"漏网之鱼"。

数值天气预报的不确定性

数值天气预报是把大气的演变规律近似表示为一组可以通过高性能计算机进行求解的数学方程式，通过求解方程组，得到对未来的天气或气候状况的预报，初值误差、计算误差也会随着时间的推移而放大。所以，数值天气预报随着预报时间的延长，不确定性增大，预报的准确性也就大大降低了。

全球气候变化增加了天气预报的难度

在全球气候变暖的大背景下，极端天气事件的强度和频率发生了变化，这就需要预报专家去进一步认识和了解新的天气特点和气候的变化规律，不断发现、总结、补充新的预报经验。

现状：我国24小时晴雨预报准确率达到80%以上

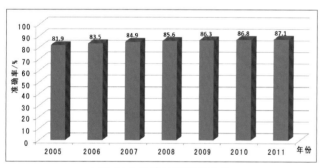

全国24小时晴雨预报准确率

天气预报水平在过去30~40年中有了较大的提高，目前我国针对未来24小时的晴雨预报准确率可以达到80%~86%。

目标：人类将不断提高天气预报准确率

大气千变万化，人类完全认识和掌握大气运动的规律还是一个艰巨且漫长的过程。当然，有一点是可以相信的，这就是：随着科学技术水平的不断发展和人类认识水平的不断提高，天气预报准确率是会不断提高的。但是，即便如此，天气预报的准确率也永远难以达到100%。

气候变化

中国的气候变化

　　气候变化是指气候平均状态或离差（距平）两者中的一个或两者一起出现了统计意义上显著的变化。平均值的升降，表明气候平均状态的变化；气候离差值增大，表明气候状态不稳定性增加，气候异常愈明显。

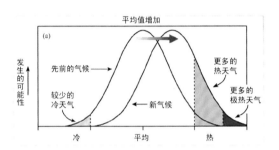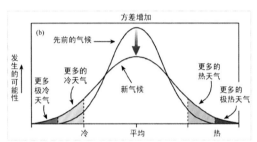

气候变化与气候平均值（左图）和变化幅度（右图）之间的关系
横坐标代表温度，纵坐标代表出现概率（取自政府间气候变化专门委员会（IPCC），2011）

中国的气候变暖趋势与全球的总趋势基本一致：

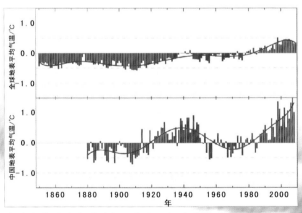

全球和中国地表平均气温变化（相对于 1961—1990 年均值）

- 近百年（1908—2007 年）中国地表平均气温升高了 1.1 ℃；
- 近 50 年来中国降水分布格局发生了明显变化；
- 高温、干旱、强降水等极端气候事件有频率增加、强度增大的趋势；
- 近 30 年来中国沿海海平面温度上升 0.9 ℃，沿海海平面上升了 90 毫米。

气候变化与气象灾害的关系

　　地球变暖，使得大气中水汽含量增加，水分循环加剧，从而使干旱、洪涝等气象灾害的强度和频次明显增加，极端天气气候灾害接踵而至——过多的降雨、大范围严重的干旱和持续的高温，加剧水资源的不稳定与供需矛盾。

气候变暖导致干旱持续时间增长，干旱地区增多。

气候变暖导致海水温度升高，直接导致台风强度进一步增强。

气候变暖导致极端降水事件趋多、趋强。

气候变暖导致高温热浪、极端高温天气的频发。

中国的气候复杂多样

中国典型的气候类型

温带大陆性气候
全年降水少，气候干燥，早晚温差大

高原高山气候
全年低温，降水较少，
冬季寒冷，夏季凉爽

温带季风气候
夏季温和多雨，冬季寒冷干燥

亚热带季风气候
夏季高温多雨，
冬季温凉少雨

热带季风气候
全年雨量充沛，气温高，无冬

热带季风气候
亚热带季风气候
温带大陆性气候
温带季风气候
高原高山气候

　　我国气候类型多样，不仅地跨寒、温、热各种气候带，而且高山深谷、丘陵盆地使得往往在不大的水平范围内，形成不同尺度的气候地带，正所谓"十里不同天"。

■ 热带季风气候

包括台湾省的南部、云南省南部、雷州半岛和海南岛等地。全年雨量充沛，气温高，无冬。

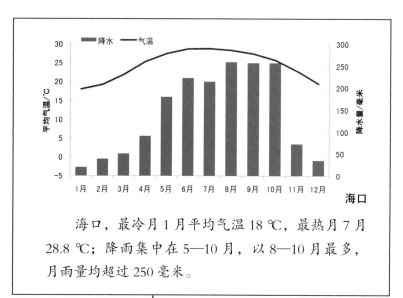

海口，最冷月1月平均气温18 ℃，最热月7月28.8 ℃；降雨集中在5—10月，以8—10月最多，月雨量均超过250毫米。

亚热带季风气候

我国华南、江南、江淮及四川盆地等地区属于此种类型的气候。夏季高温多雨，冬季温凉少雨。

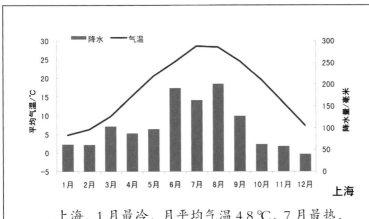

上海，1月最冷，月平均气温4.8℃，7月最热，月平均气温28.6℃；降雨集中在6—8月，以8月最多（月雨量201.2毫米），其余各月雨量相差不大。

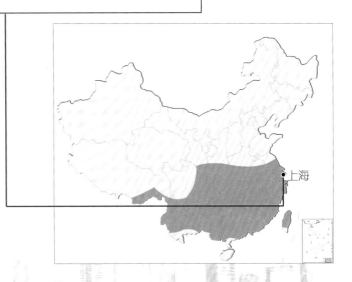

温带大陆性气候

我国西北地区及内蒙古西部等地属于此种类型的气候。

全年降水少，气候干燥，早晚温差大。

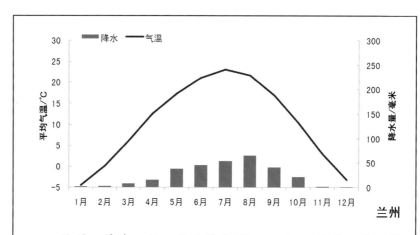

兰州

兰州，最冷1月，月平均气温 −4.5 ℃，最热7月，月平均气温23.1 ℃；降雨集中在夏季，8月最多（月雨量64.6毫米），11月至次年2月雨雪稀少，月降水量均不足3毫米。

温带季风气候

我国东北、华北地区属于此种类型的气候。夏季温和多雨，冬季寒冷干燥。

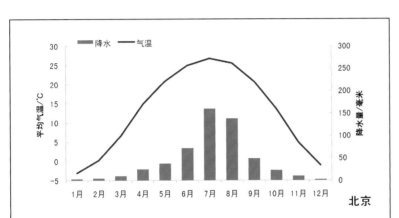

北京，1月最冷，月平均气温 -3.1 ℃，7月最热，月平均气温 26.7 ℃；降雨集中在 7，8月，以7月最多（月雨量 160.1 毫米），冬季降水稀少，12月至次年2月降水量月均不足5毫米。

高原高山气候

我国西藏、青海、四川西部属于此种类型的气候。全年低温，降水较少，冬季寒冷，夏季凉爽。

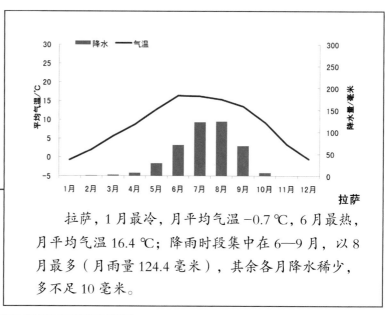

拉萨，1月最冷，月平均气温 –0.7 ℃，6月最热，月平均气温 16.4 ℃；降雨时段集中在6—9月，以8月最多（月雨量124.4毫米），其余各月降水稀少，多不足10毫米。

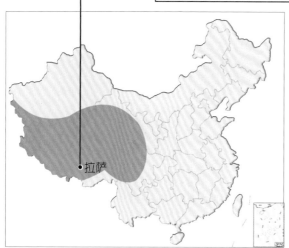

中国气候特点

■ 四季分明

　　我国大部分地区四季分明，仅台湾省南部、云南省南部、雷州半岛和海南岛等热带季风气候地区无冬，大小兴安岭、青藏高原、天山山地及云南北部无夏。

> 常冬区：一般情况下，日平均气温不高于 10 ℃的地区。
>
> 常夏区：一般情况下，日平均气温不低于 22 ℃的地区。
>
> 常春区：一般情况下，日平均气温在 10 ℃和 22 ℃之间的地区。
>
> 无冬区：一般情况下，日平均气温不低于 10 ℃的地区。
>
> 无夏区：一般情况下，日平均气温不高于 22 ℃的地区。
>
> 四季分明区：一年中春、夏、秋、冬四个季节均出现的地区。

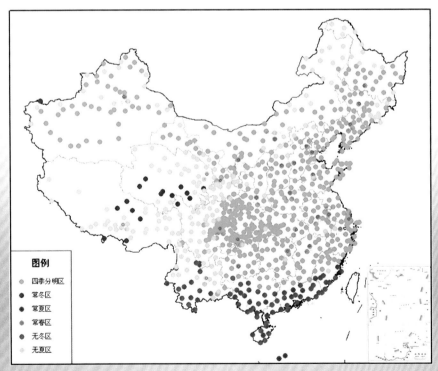

我国四季分区示意图

■ 干湿分明

自然景观是半荒漠和荒漠，只在有水源的地区有绿洲农业，局部地区有牧业

400毫米

干旱区

200毫米

半干旱区

半湿润区

800毫米

湿润区

200毫米

400毫米

800毫米

图例
（单位：毫米）
>800
400~800
200~400
≤200

耕地以旱地为主，自然植被是温带草原，是我国最重要的牧区

我国主要的旱地农业区，自然植被为落叶林和草原

我国以水田为主的农业区，自然植被为非落叶的各类森林

我国干湿分布区示意图（2010 年）

200 毫米等降水量线是我国干旱区与半干旱区的分界线，大致为阴山、贺兰山、祁连山、巴颜喀拉山到冈底斯山一线。此线至 400 毫米等雨量线之间，耕地以旱地为主，自然植被是温带草原，是我国最重要的牧区。年降水量小于 200 毫米的干旱区，自然景观是半荒漠和荒漠，只在有水源的地区有绿洲农业，局部地区有牧业。

400 毫米等降水量线是我国半干旱区和半湿润区的分界线，大体从大兴安岭向西南，经张家口、兰州、拉萨一线，此线也是我国农耕区与牧区、森林植被与草原植被的分界线。此线至 800 毫米等雨量线之间区域是我国主要的旱地农业区，自然植被为落叶林和草原。

800 毫米等降水量线是我国半湿润区与湿润区的分界线，大致为秦岭至淮河一线。此线以南为湿润区，是我国以水田为主的农业区，自然植被为非落叶的各类森林。

季风气候特点明显

受纬度位置和海陆位置的影响，我国大多数地区一年内的盛行风向随着季节有显著变化，形成了典型的季风气候，主要表现为冬夏盛行风向有显著差异，随着季风推进，降水有明显的季节变化。夏季盛行由海洋吹向大陆的夏季风，冬季盛行由大陆吹向海洋的冬季风。

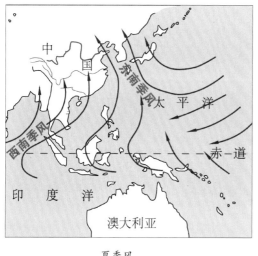
夏季风

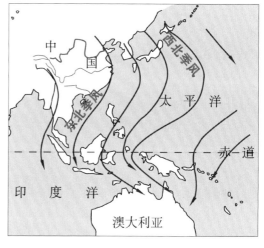
冬季风

东亚地区主要雨带随着夏季风的发展和北推阶段性地从低纬度向中、高纬度移动，也随着夏季风的消退而迅速南撤，从而导致东亚及中国主要雨季的结束。

东亚地区季风雨带以阶段性的而非连续性的方式推进和撤退，这种阶段性北跳和南撤与西太平洋副热带高压的季节演变密切相关。

副热带高压——南北半球的副热带地区出现的暖性高压系统。它对中、高纬度地区和低纬度地区之间的水汽、热量、能量的输送和平衡起着重要的作用。西太平洋副热带高压是影响中国天气气候的主要天气系统。

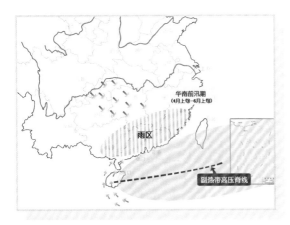

▶ 华南前汛期：4月上旬—6月上旬，副热带高压脊线位置比较偏南（20°N以南），我国雨带维持在华南地区。

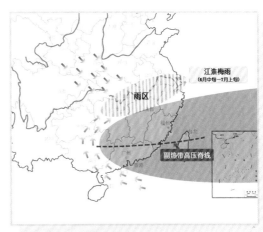

江淮梅汛期：6月中旬—7月上旬，副热带高压北跳，脊线维持在22～25°N，雨带随之北移，长江中下游地区进入雨季。

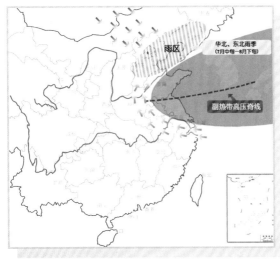

▶ 华北、东北汛期：7月中旬—8月下旬，副热带高压达到最北位置，脊线维持在30～35°N，雨带随之北移，华北北部、东北地区进入雨季。

自8月中旬开始，全国雨量普遍开始减少，副热带高压迅速南撤。9月和10月，华北和华中地区是秋高气爽的天气，而华西则是秋雨连绵。10月初前后，转变为冬季风盛行的干季。

各地气候差异

南北气候差异

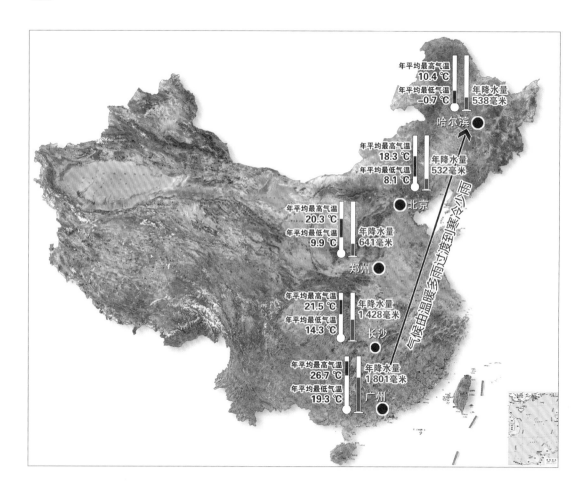

年平均最高气温 10.4℃
年平均最低气温 −0.7℃
年降水量 538毫米
哈尔滨

年平均最高气温 18.3℃
年平均最低气温 8.1℃
年降水量 532毫米
北京

年平均最高气温 20.3℃
年平均最低气温 9.9℃
年降水量 641毫米
郑州

年平均最高气温 21.5℃
年平均最低气温 14.3℃
年降水量 1 428毫米
长沙

年平均最高气温 26.7℃
年平均最低气温 19.3℃
年降水量 1 801毫米
广州

气候由温暖多雨过渡到寒冷少雨

由于纬度差异，我国气候从南向北由温暖多雨过渡到寒冷少雨。广州年降水量1 801毫米，哈尔滨538毫米，两地相差3倍左右；广州年平均气温22.4 ℃，哈尔滨4.8 ℃，相差17.6 ℃；两地年平均最低气温相差达20 ℃。

■ 东西气候差异

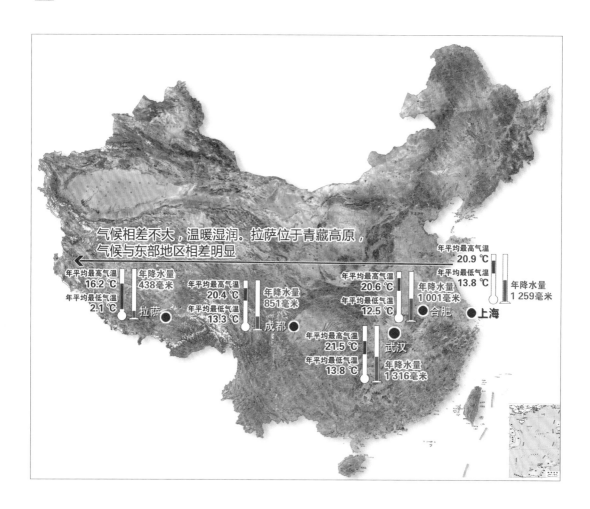

气候相差不大，温暖湿润。拉萨位于青藏高原，
气候与东部地区相差明显

年平均最高气温
16.2 ℃
年平均最低气温
2.1 ℃
拉萨

年降水量
438毫米

年平均最高气温
20.4 ℃
年平均最低气温
13.3 ℃
成都

年降水量
851毫米

年平均最高气温
20.6 ℃
年平均最低气温
12.5 ℃

年降水量
1 001毫米
合肥

年平均最高气温
21.5 ℃
年平均最低气温
13.8 ℃
武汉

年降水量
1 316毫米

年平均最高气温
20.9 ℃
年平均最低气温
13.8 ℃
上海

年降水量
1 259毫米

从上海至成都气候相差不大，温暖湿润。上海、合肥、武汉年降水量 1 000～1 400 毫米，成都 851 毫米，4 地年平均气温 16～17 ℃。拉萨位于青藏高原，受地形高度影响，气候与东部地区差异明显，年降水量 438 毫米，年平均气温 8.4 ℃。

武汉

上海

成都

合肥

拉萨

■ 沿海与内陆气候差异

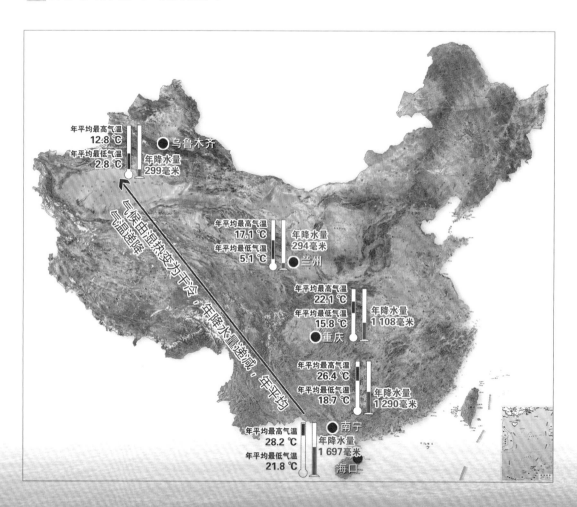

年平均最高气温 12.8 ℃
年平均最低气温 2.8 ℃
●乌鲁木齐
年降水量 299毫米

气候由湿热变为干冷，年降水量递减，年平均气温递降

年平均最高气温 17.1 ℃
年平均最低气温 5.1 ℃
年降水量 294毫米
●兰州

年平均最高气温 22.1 ℃
年平均最低气温 15.8 ℃
年降水量 1 108毫米
●重庆

年平均最高气温 26.4 ℃
年平均最低气温 18.7 ℃
年降水量 1 290毫米

年平均最高气温 28.2 ℃
年平均最低气温 21.8 ℃
●南宁
年降水量 1 697毫米
海口

受海陆分布的影响，从沿海的海口至内陆的乌鲁木齐，气候由湿热变为干冷，年降水量递减，年平均气温递降。海口年降水量 1 697 毫米，乌鲁木齐 299 毫米，相差近 6 倍；海口年平均气温 24.4 ℃，乌鲁木齐 7.3 ℃，两地相差 17.1 ℃。

乌鲁木齐

兰州

重庆

南宁

海口

中国主要灾害性天气气候

中国主要气象灾害分布

我国是世界上自然灾害发生十分频繁，灾害种类甚多，造成损失十分严重的少数国家之一。我国北方旱灾、雪灾、寒潮和沙尘暴灾害频发，东南部地区台风、高温和暴雨洪涝灾害影响严重。我国每年因各种气象灾害造成农业受灾面积 5 000 万公顷，受台风、暴雨、干旱、高温热浪、沙尘暴和雷电等重大气象灾害影响的人口达 4 亿人次，造成的经济损失相当于国内生产总值的 1% ~ 3%。

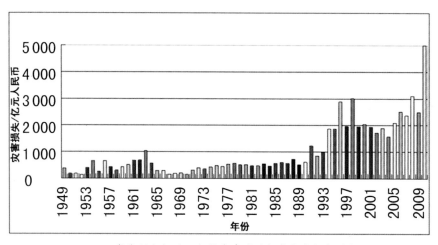

1949—2010 年期间与极端天气紧密有关的气象灾害损失的变化

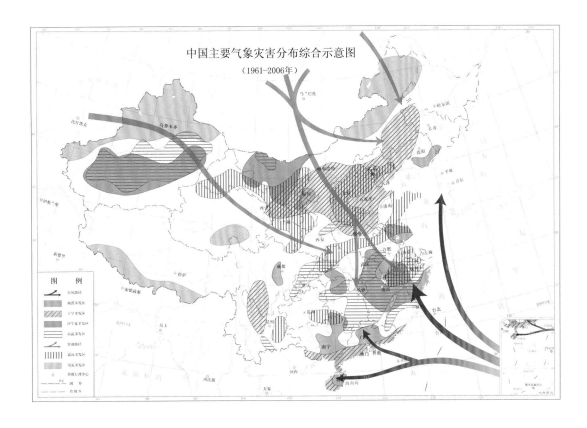

中国主要气象灾害分布综合示意图
(1961-2006年)

　　中国灾害性天气气候包括：台风、暴雨洪涝、雷电、干旱、高温、沙尘暴、寒潮、大风、低温冷害、雪灾、冰雹、霜冻、雾、霾、酸雨等，具有种类多、范围广、频率高、持续时间长、群发性突发、引发灾情重等特点。

　　中国灾害性天气气候区域分布明显，东部季风区，冬半年为寒潮、大风和低温霜冻以及干旱灾害，夏半年则多遇暴雨洪涝、高温伏旱和台风灾害；西北常年气候干旱，春季大风及沙尘暴发生最为频繁，这一地区连同青藏高原的牧区亦遭受到雪灾的危害；青藏高原大风和雷暴、冰雹等强对流天气特别多见；西南地区地形复杂，干旱和暴雨是其主要灾害。

暴雨与洪涝

　　暴雨是指 12 小时内降雨量达 30 毫米或以上，或 24 小时降水量达 50 毫米或以上的降雨。

暴雨按其降水强度大小又分为三个等级

单位：毫米

天气类型	24小时	12小时
暴雨	50.0～99.9	30.0～69.9
大暴雨	100.0～249.9	70.0～139.9
特大暴雨	≥250.0	≥140.0

　　中国年暴雨（日降水量 ≥ 50 毫米）日数分布从东南向西北减少，淮河流域及其以南大部地区以及四川东部、重庆等地普遍在 3 天以上，其中华南大部及江西等地达 5 ~ 10 天；黄河中下游、海河流域、辽河流域等地一般有 1 ~ 3 天；中国西部地区偶有暴雨发生。

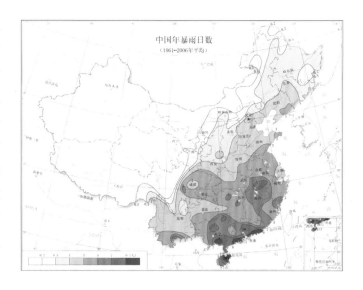

　　洪涝灾害实际上包括洪水灾害和涝渍灾害。其中洪水灾害是指，由于区域性暴雨或者局地短时强降雨、冰雪融化、冰凌、堤坝溃决、风暴潮等原因引起江河湖泊及沿海水位上涨而泛滥，以及山洪暴发所造成的灾害；涝渍灾害是指由于大雨、暴雨或长期降雨量过于集中，引起江河湖水泛滥，而产生大量的积水和径流，导致排水不及时，使土地、农作物、城镇等渍水、受淹而造成的灾害。由于洪水和涝渍灾害往往同时或连续发生在同一地区，有时难以准确界定，往往统称为洪涝灾害。

热带气旋是发生在热带或副热带洋面上的低压涡旋，是一种强大而深厚的热带天气系统，常伴有狂风、暴雨和风暴潮，是我国沿海地区经常出现的一种气象灾害。

当热带气旋中心附近最大持续风力达 12 级（风速 32.7 米／秒）及以上时称为台风。台风是热带气旋的一个等级，比它弱的有热带低压、热带风暴和强热带风暴，比它强的有强台风和超强台风。

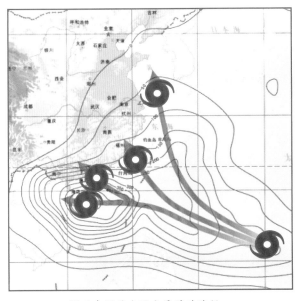

影响中国的台风主要移动路径

台风的主要路径

西北路径：热带气旋从源地（指菲律宾以东洋面）一直向西北方向移动，大多在台湾、福建、浙江一带沿海登陆；

西移路径：热带气旋从源地一直向偏西方向移动，往往在广东、海南一带登陆；

近海转向路径：热带气旋从源地向西北方向移动，当靠近我国东部近海时，转向东北方向移动。

热带气旋登陆的地区几乎遍布中国沿海，大多集中在东南沿海、台湾和海南，其中在广东登陆的热带气旋最多，平均每年达 3.1 个，其次是台湾，平均每年有 1.8 个，海南和福建第三多，平均每年为 1.5 个。

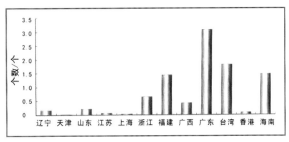

沿海各省（市、区）年热带气旋登陆个数
（1961—2006 年平均）

高温

　　高温是指日最高气温达到 35 ℃以上的天气现象，达到或超过 37 ℃时称酷暑。我国有三个高温区，一是江南地区，二是从四川盆地、黄淮、华北到东北西部一带，三是新疆南部。这些地区极端日最高气温在 41 ℃以上，高温中心位于南疆东部，超过 44 ℃。

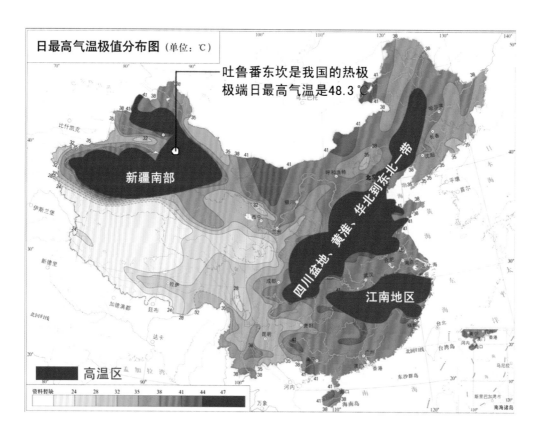

日最高气温极值分布图（单位：℃）

吐鲁番东坎是我国的热极
极端日最高气温是48.3 ℃

新疆南部

四川盆地、黄淮、华北到东北一带

江南地区

高温区

资料暂缺　24　35　38　41　44　47

干旱

　　干旱是指因水分收支或供求不平衡而形成的持续水分短缺现象。干旱灾害，是指在某一时段内，降水量比常年同期的平均状况偏少，并导致经济活动和日常生活受到较大危害的现象。

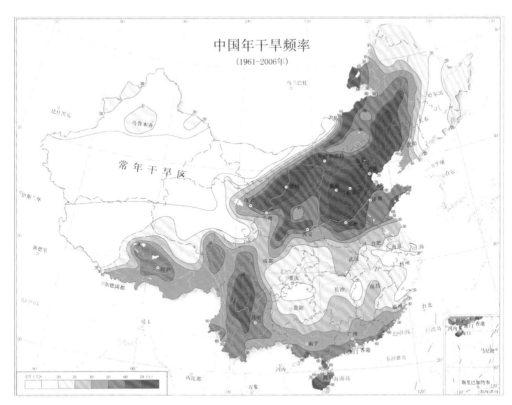

中国年干旱频率
(1961—2006年)

常年干旱区

　　受季风环流的影响，中国干旱发生频繁。东北的西南部、黄淮海地区、华南南部及云南、四川南部等地年干旱发生频率较高。

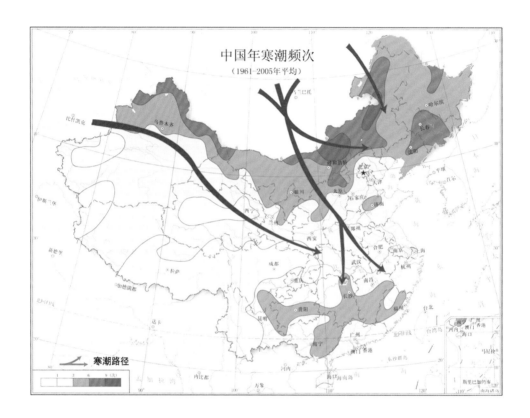

寒潮天气是一种大规模的强冷空气活动过程，主要特点是剧烈降温和大风，有时还伴有雨、雪、冻雨或霜冻，会给农业生产、人类活动以及交通运输带来很大影响。《冷空气等级》气象国家标准中规定寒潮的标准是：某一地区冷空气过境后，气温24小时内下降8℃以上，且最低气温下降到4℃以下；或48小时内气温下降10℃以上，且最低气温下降到4℃以下；或72小时内气温连续下降12℃以上，并且最低气温在4℃以下。

中国年寒潮频次分布呈现北多南少。东北、华北西北部和西北、江南、华南的部分地区及内蒙古每年平均发生寒潮在3次以上，其中北疆北部、内蒙古中北部、吉林大部、辽宁北部达6次以上。

沙尘暴是指强风把地面大量沙尘卷入空中，使空气特别浑浊，水平能见度低于1千米的天气现象。

沙尘天气多出现在干旱地区，空中沙尘弥漫会降低能见度，对交通运输和身体健康造成不良影响。如果遭遇持续强劲大风，便可形成沙尘暴，强沙尘暴的风力可达12级以上，其摧毁力远远超过同样级别的普通风灾。

沙尘暴

中国沙尘暴的多发区

沙尘暴主要发生在中国北方地区，其中南疆盆地、青海西南部、西藏西部及内蒙古中西部和甘肃中北部是沙尘暴的多发区，年沙尘暴日数在10天以上，南疆盆地和内蒙古西部的部分地区超过20天。

影响我国的沙尘暴主要路径

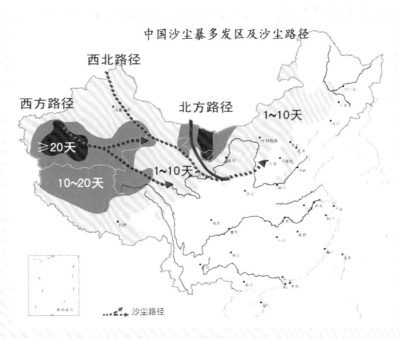

北方路径：从蒙古东中部南下，影响中国东北、内蒙古东中部和山西、河北及以南地区；

西北路径：从蒙古中西部东南下，影响中国内蒙古中西部、西北东部、华北中南部及以南地区；

西方路径：从蒙古西部和哈萨克斯坦东北部东南下，影响中国新疆西北部、华北及以南地区。

雾

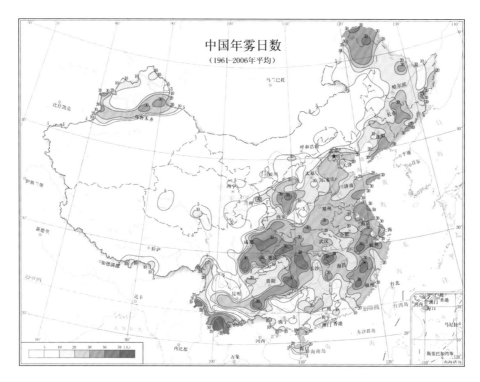

中国年雾日数
（1961—2006年平均）

　　雾是由无数悬浮于贴近地面的细小水滴或冰晶组成并使水平能见度显著降低的天气现象。

　　中国年雾日数分布大致是东部多，西部少。

　　按水平能见度大小，可以将雾划分为以下5个等级：

| 轻雾 | 雾 | 浓雾 | 强浓雾 | 特强浓雾 |

■ 水平能见度在 1～10 千米的称为轻雾。

■ 水平能见度在 0.5～1 千米的称为雾。

■ 水平能见度在 200～500 米的称为浓雾。

■ 水平能见度在 50～200 米的称为强浓雾。

■ 水平能见度不足 50 米的称为特强浓雾。

霾

　　霾是指大量极细微的颗粒物均匀地浮游在空中，使水平能见度小于10千米的空气混浊现象。

　　霾不仅影响人们的身体健康，还影响心理健康。霾天气条件下，易造成供电系统的污闪事故。

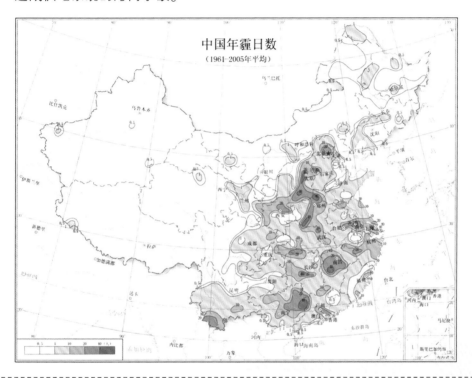

中国年霾日数
（1961-2005年平均）

雾与霾的区别

	雾	霾
相对湿度	90%以上	低于80%
能见度	小于1千米	小于10千米，且是灰尘颗粒造成的
厚度	几十米至200米	1～3千米
边界	边界很清晰，过了雾区可能就是晴空万里	与周围环境边界不明显
颜色	乳白色、青白色	黄色、橙灰色

气象灾害预警信号及发布

及时准确发布气象灾害预警信息

在第一时间及时准确发布气象灾害预警信息，是防范各类突发气象灾害的首要环节，也是有效减轻气象灾害损失的关键措施。2011年7月11日，国务院办公厅印发的《关于加强气象灾害监测预警及信息发布工作的意见》（国办发〔2011〕33号）对气象预警发布提出的明确要求：力争到2015年，灾害性天气预警信息提前15～30分钟或30分钟以上发出，气象灾害预警信息公众覆盖率达到90%以上。

预警信号发布

预警信号实行统一发布制度。各级气象主管机构所属的气象台站按照发布权限、业务流程及时发布预警信号，指明气象灾害预警的区域，并根据天气变化情况，及时更新或者解除预警信号，同时通报本级人民政府及有关部门、防灾减灾机构。当同时出现或者预报可能出现多种气象灾害时，可以按照相对应的标准同时发布多种预警信号。其他任何组织或者个人不得向社会发布预警信号。

气象灾害预警信号

气象灾害预警信号由名称、图标、标准和防御指南组成，分为台风、暴雨、暴雪、寒潮、大风、沙尘暴、高温、干旱、雷电、冰雹、霜冻、大雾、霾、道路结冰 14 种。

预警信号的级别依据气象灾害可能造成的危害程度、紧急程度和发展态势一般划分为四级：Ⅳ级（一般）、Ⅲ级（较重）、Ⅱ级（严重）、Ⅰ级（特别严重），依次用蓝色、黄色、橙色和红色表示，同时以中英文标识。

中国气象极值分布

新疆托克逊，
1979年9月28日至1980年9月11日，
连续无降水日数极值350天

新疆吐鲁番东坎，
2001年6月21日，
极端日最高气温48.3 ℃

黑龙江漠河，
1969年2月13日，
极端日最低气温–52.3 ℃

新疆七角井，
2010年，
年大风日数极值165天

河南上蔡，
1975年8月1日，
日降水量极值755.1毫米

四川峨眉山，
1973年，
年雾日数极值338天

西藏那曲，
1976年，
年冰雹日数极值53天

云南元江，2010年，
年高温日数极值136天

登陆的最强台风
"桑美"，浙江苍南，
2006年8月10日，
中心风速60米/秒】

广西东兴，
1972年，
年降水量极值3 827.7毫米

云南西盟，
1974年5月21日至9月6日，
连续降水日数极值109天

登陆的最强台风
【"Marge"，海南琼海，1973年
9月14日，中心风速60米/秒】

云南景洪，
1964年，
年雷暴日数极值149天

数据统计时段：建站—2011年

极端天气气候事件通常对社会经济和环境产生重大影响，其定义目前尚无统一标准，并且在不同气候类型下具有很强的地域性和季节性差异。极端天气气候事件包含了两层含义：一是发生的概率（频率）相对较低；二是有相当强度，对人类社会有重大影响。

极值：某气象站自建站起至当前所监测到的某气象要素的极大（或极小）值。

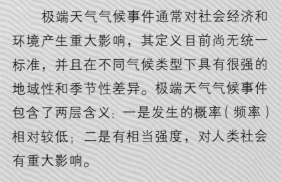